ADDITION AND SUBTRACTION

THIS BOOK BELONGS TO

DAY 1

Time : Score: /20

35 + 21	13 + 10	43 + 11	14 + 07	15 + 15
27 + 76	82 + 26	52 + 38	32 + 29	59 + 11
36 + 46	57 + 54	71 + 25	45 + 49	44 + 13
64 + 20	42 + 17	20 + 09	77 + 12	20 + 44

DAY 100

Time : Score: /20

45 - 44	92 - 19	99 - 91	97 - 91	95 - 22
83 - 81	49 - 32	81 - 11	44 - 11	61 - 31
91 - 62	99 - 41	83 - 62	77 - 57	12 - 10
99 - 91	20 - 13	98 - 40	74 - 54	99 - 99

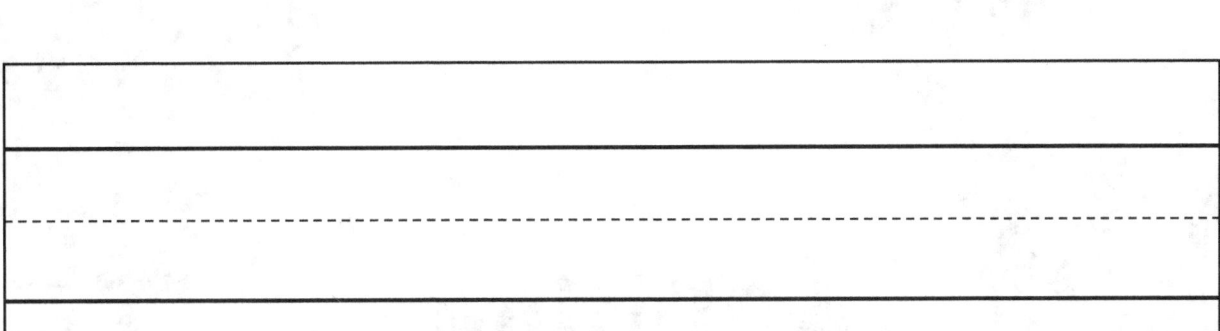

ADDition

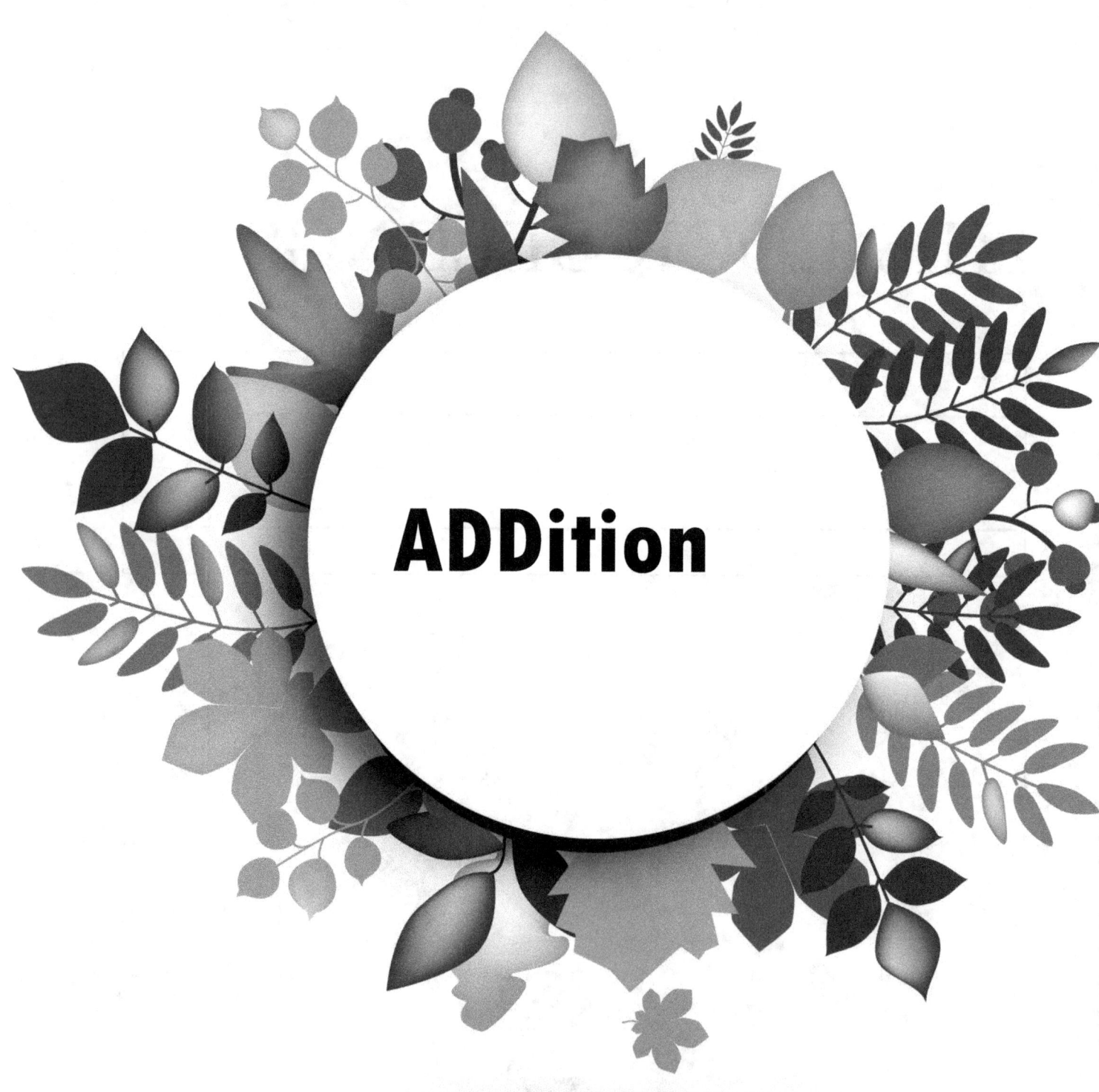

DAY 1

Time :

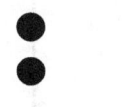

Score: /20

35 + 21	13 + 10	43 + 11	14 + 07	15 + 15
27 + 76	82 + 26	52 + 38	32 + 29	59 + 11
36 + 46	57 + 54	71 + 25	45 + 49	44 + 13
64 + 20	42 + 17	20 + 09	77 + 12	20 + 44

DAY 2

Time :

Score: /20

96 + 64	40 + 59	16 + 29	39 + 23	80 + 73
10 + 36	47 + 57	40 + 23	34 + 90	93 + 86
39 + 68	27 + 36	56 + 11	58 + 75	84 + 09
39 + 53	32 + 18	79 + 34	32 + 64	34 + 08

DAY 3

Time :

Score: /20

87 + 09	63 + 11	32 + 62	17 + 25	87 + 37
75 + 05	54 + 16	47 + 12	96 + 65	79 + 52
31 + 20	37 + 05	78 + 79	73 + 48	43 + 93
83 + 56	53 + 20	31 + 26	96 + 59	54 + 39

 # DAY 4

 Time Score:  /20

```
  54      75      95      50      70
+ 39    + 45    + 39    + 12    + 11
----    ----    ----    ----    ----

  29      37      18      15      56
+ 83    + 40    + 28    + 80    + 11
----    ----    ----    ----    ----

  31      58      78      84      38
+ 20    + 75    + 79    + 09    + 53
----    ----    ----    ----    ----

  60      53      75      11      35
+ 43    + 20    + 22    + 53    + 60
----    ----    ----    ----    ----
```

DAY 5

Time :

Score: /20

34 + 86	85 + 31	26 + 95	54 + 75	52 + 21
39 + 79	37 + 40	97 + 17	97 + 27	56 + 87
62 + 26	10 + 20	21 + 31	43 + 53	65 + 75
97 + 30	53 + 20	11 + 07	11 + 53	57 + 43

DAY 6

Time :

Score: /20

63 + 87	13 + 95	61 + 13	63 + 55	63 + 03
75 + 23	94 + 02	24 + 80	88 + 95	64 + 38
27 + 27	45 + 19	83 + 39	44 + 66	58 + 83
10 + 12	19 + 12	29 + 11	16 + 21	15 + 22

DAY 7

Time :

Score: /20

54 + 15	50 + 36	39 + 87	62 + 21	65 + 21
88 + 34	54 + 04	36 + 84	96 + 02	20 + 13
97 + 63	81 + 33	39 + 12	97 + 63	87 + 28
81 + 51	23 + 12	45 + 15	16 + 21	92 + 17

DAY 8

Time :

Score: /20

87 + 79	23 + 16	45 + 15	95 + 14	65 + 21
93 + 39	68 + 82	43 + 09	68 + 50	12 + 55
12 + 55	95 + 10	82 + 79	56 + 11	88 + 88
19 + 49	23 + 12	68 + 36	10 + 10	92 + 19

 # DAY 9

Time : ☐ : ☐   Score : ◯/20

```
  29      20      20      29      58
+ 13    + 12    + 22    + 20    + 21
____    ____    ____    ____    ____

  54      19      40      61      25
+ 11    + 21    + 13    + 32    + 29
____    ____    ____    ____    ____

  50      12      27      29      22
+ 22    + 52    + 39    + 17    + 22
____    ____    ____    ____    ____

  28      50      79      39      70
+ 23    + 12    + 24    + 28    + 24
____    ____    ____    ____    ____
```

DAY 10

Time :

Score: /20

26 + 11	20 + 12	23 + 51	45 + 11	78 + 22
51 + 10	22 + 10	50 + 04	22 + 43	61 + 11
10 + 18	61 + 12	32 + 19	88 + 13	79 + 33
42 + 33	60 + 33	71 + 22	34 + 48	50 + 43

DAY 11

Time :

Score: /20

42 + 17	50 + 31	63 + 14	29 + 42	43 + 16
51 + 19	29 + 47	70 + 43	64 + 13	90 + 69
29 + 78	75 + 42	30 + 80	45 + 32	79 + 33
89 + 58	83 + 10	53 + 59	62 + 69	20 + 53

 # DAY 12

 Time Score:  /20

```
  45      46      12      60      19
+ 30    + 38    + 82    + 33    + 75
____    ____    ____    ____    ____

  52      23      52      33      31
+ 30    + 52    + 25    + 47    + 43
____    ____    ____    ____    ____

  27      21      76      95      42
+ 67    + 54    + 19    + 97    + 30
____    ____    ____    ____    ____

  14      83      48      54      35
+ 55    + 10    + 10    + 35    + 57
____    ____    ____    ____    ____
```

DAY 13

Time :

Score: /20

43 + 36	23 + 56	55 + 24	24 + 47	34 + 27
35 + 25	23 + 67	46 + 37	14 + 28	58 + 76
75 + 88	49 + 79	59 + 94	53 + 61	47 + 65
16 + 52	81 + 23	46 + 41	52 + 45	12 + 22

DAY 14

Time :

Score: /20

29 + 14	43 + 63	11 + 31	14 + 45	49 + 37
91 + 70	78 + 46	30 + 56	68 + 11	60 + 17
29 + 66	39 + 09	57 + 37	24 + 11	89 + 90
60 + 70	15 + 14	56 + 40	70 + 39	66 + 21

DAY 15

Time :

Score: /20

10 + 16	26 + 43	29 + 66	39 + 11	57 + 37
26 + 11	89 + 90	60 + 70	15 + 14	56 + 40
70 + 39	66 + 21	10 + 16	26 + 43	29 + 66
43 + 09	74 + 47	66 + 66	15 + 14	56 + 40

DAY 16

Time :

Score: /20

74 + 91	18 + 60	59 + 06	35 + 23	71 + 12
59 + 97	74 + 11	67 + 33	13 + 67	12 + 77
20 + 34	20 + 49	45 + 40	29 + 40	78 + 83
37 + 60	13 + 12	81 + 60	74 + 47	19 + 67

DAY 17

Time :

Score: /20

90 + 11	39 + 15	29 + 80	35 + 23	47 + 67
62 + 72	12 + 22	30 + 22	27 + 29	52 + 12
28 + 28	30 + 10	50 + 27	38 + 37	51 + 12
10 + 40	17 + 16	11 + 96	44 + 97	29 + 57

DAY 18

Time :

Score: /20

52 + 40	11 + 49	19 + 12	40 + 13	47 + 67
48 + 51	50 + 08	37 + 49	20 + 40	31 + 29
50 + 12	37 + 86	51 + 85	19 + 45	41 + 49
51 + 29	27 + 12	69 + 59	96 + 21	41 + 10

DAY 19

Time :

Score: /20

70 + 57	21 + 18	70 + 57	17 + 12	44 + 85
64 + 19	88 + 70	57 + 75	81 + 72	79 + 23
43 + 77	95 + 26	29 + 14	69 + 78	81 + 41
80 + 17	97 + 11	61 + 15	18 + 25	25 + 67

DAY 20

Time :

Score: /20

81 + 52	47 + 35	42 + 31	48 + 47	27 + 61
83 + 15	29 + 59	14 + 27	82 + 75	71 + 90
40 + 82	27 + 40	10 + 60	75 + 53	70 + 15
60 + 73	15 + 11	77 + 59	98 + 05	30 + 97

DAY 21

Time :

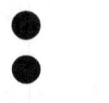

Score: /20

21 + 58	59 + 39	37 + 36	95 + 14	49 + 60
34 + 27	92 + 97	68 + 79	97 + 24	79 + 17
57 + 86	96 + 79	82 + 10	75 + 17	74 + 77
85 + 42	59 + 49	16 + 12	26 + 94	52 + 81

DAY 22

Time :

Score: /20

42 + 31	92 + 97	68 + 79	67 + 87	97 + 24
79 + 19	57 + 86	96 + 79	82 + 10	75 + 07
74 + 77	85 + 42	59 + 49	16 + 12	26 + 94
52 + 81	59 + 49	26 + 67	29 + 99	49 + 91

DAY 23

Time :

Score: /20

33	24	35	14	52
+ 20	+ 32	+ 35	+ 45	+ 11
14	55	30	43	42
+ 50	+ 30	+ 14	+ 15	+ 02
45	55	11	52	21
+ 32	+ 44	+ 14	+ 14	+ 15
20	43	31	52	32
+ 43	+ 13	+ 22	+ 31	+ 10

DAY 24

Time :

Score: /20

40 + 11	31 + 31	25 + 34	32 + 53	52 + 11
54 + 13	21 + 14	24 + 22	53 + 32	20 + 10
53 + 39	51 + 52	23 + 13	15 + 11	24 + 40
34 + 15	55 + 45	52 + 23	40 + 53	32 + 25

DAY 25

Time :

Score: /20

21 + 51	32 + 44	23 + 43	54 + 35	31 + 25
16 + 53	24 + 92	15 + 32	28 + 42	74 + 72
31 + 66	21 + 51	36 + 27	77 + 97	68 + 99
64 + 22	94 + 27	55 + 59	59 + 84	24 + 54

DAY 26

Time :

Score: /20

37	15	86	98	78
+ 77	+ 83	+ 99	+ 68	+ 76
55	84	65	92	13
+ 13	+ 83	+ 88	+ 39	+ 19
76	97	92	13	73
+ 29	+ 86	+ 24	+ 15	+ 61
33	25	24	21	84
+ 61	+ 18	+ 57	+ 69	+ 42

 # DAY 27

 Time  Score:  /20

```
  3 8        8 8        1 6        9 7        5 5
+ 9 1      + 3 2      + 7 8      + 7 5      + 3 5
-----      -----      -----      -----      -----


  9 4        3 7        3 7        6 8        1 1
+ 1 5      + 3 1      + 5 1      + 3 2      + 6 7
-----      -----      -----      -----      -----


  8 8        9 1        9 4        4 5        1 8
+ 7 9      + 2 5      + 6 7      + 9 9      + 8 3
-----      -----      -----      -----      -----


  4 1        6 3        5 8        3 9        5 2
+ 5 9      + 9 4      + 7 3      + 3 8      + 1 7
-----      -----      -----      -----      -----
```

DAY 28

Time :

Score: /20

97 + 95	45 + 83	95 + 15	27 + 62	51 + 28
31 + 86	77 + 16	45 + 38	77 + 57	67 + 42
33 + 17	89 + 35	35 + 94	74 + 29	63 + 49
53 + 14	41 + 99	82 + 28	19 + 32	41 + 39

DAY 29

Time :

Score: /20

41	31	36	51	70
+ 39	+ 60	+ 09	+ 28	+ 10
60	37	25	27	12
+ 11	+ 19	+ 18	+ 10	+ 70
12	19	39	21	57
+ 58	+ 11	+ 51	+ 52	+ 10
22	15	39	51	32
+ 18	+ 18	+ 26	+ 15	+ 34

DAY 30

Time :

Score: /20

32	34	44	51	52
+ 20	+ 60	+ 48	+ 28	+ 12
23	45	13	45	12
+ 13	+ 39	+ 62	+ 62	+ 22
30	12	11	15	10
+ 18	+ 31	+ 27	+ 38	+ 34
20	41	21	73	62
+ 50	+ 35	+ 14	+ 14	+ 36

DAY 31

Time [:]   Score: /20

67 + 18	16 + 18	44 + 21	51 + 28	55 + 10
68 + 13	39 + 41	63 + 12	45 + 62	74 + 13
40 + 38	67 + 10	79 + 17	14 + 80	18 + 18
53 + 18	39 + 23	40 + 51	72 + 18	31 + 22

DAY 32

Time :

Score: /20

43 + 59	31 + 86	77 + 17	55 + 38	77 + 57
33 + 17	89 + 35	35 + 94	74 + 29	63 + 49
41 + 86	58 + 65	52 + 25	24 + 95	13 + 35
93 + 22	42 + 29	74 + 69	31 + 44	44 + 94

DAY 33

Time :

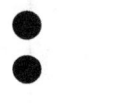

Score: /20

36 + 28	19 + 09	41 + 11	33 + 19	24 + 11
58 + 09	11 + 11	48 + 36	27 + 10	30 + 10
52 + 28	65 + 29	12 + 12	40 + 40	13 + 19
38 + 29	43 + 40	29 + 23	72 + 12	19 + 90

DAY 34

Time :

Score: /20

34 + 28	22 + 22	28 + 27	33 + 31	30 + 12
41 + 21	49 + 32	18 + 18	39 + 39	44 + 40
39 + 19	43 + 41	50 + 45	63 + 28	29 + 15
69 + 22	56 + 18	58 + 14	17 + 08	40 + 90

DAY 35

Time :

Score: /20

38 + 28	42 + 10	64 + 30	71 + 24	48 + 28
69 + 23	39 + 19	72 + 10	57 + 42	78 + 10
51 + 20	62 + 36	32 + 32	52 + 21	71 + 13
71 + 33	66 + 31	51 + 41	44 + 20	22 + 51

DAY 36

Time :

Score: /20

61 + 51	94 + 49	64 + 53	85 + 81	92 + 71
74 + 91	83 + 51	34 + 82	97 + 54	88 + 66
82 + 82	75 + 54	91 + 51	56 + 64	79 + 72
28 + 96	72 + 81	68 + 77	48 + 72	86 + 54

 DAY 37

 Time Score:  /20

```
  92      91      85      89      77
+ 31    + 61    + 91    + 45    + 53


  84      67      99      74      25
+ 92    + 73    + 87    + 61    + 94


  97      83      61      55      57
+ 74    + 52    + 51    + 92    + 76


  38      81      32      82      69
+ 56    + 41    + 91    + 42    + 91
```

DAY 38

Time :

Score: /20

94 + 19	91 + 71	79 + 46	65 + 61	98 + 45
86 + 64	27 + 94	73 + 52	77 + 82	48 + 77
89 + 52	42 + 81	95 + 38	81 + 71	99 + 92
65 + 19	38 + 87	71 + 41	28 + 93	76 + 73

 # DAY 39

 Time Score:  /20

```
  82      35      86      95      37
+ 67    + 13    + 86    + 23    + 17
----    ----    ----    ----    ----

  94      31      84      15      74
+ 19    + 16    + 63    + 12    + 36
----    ----    ----    ----    ----

  96      47      66      92      54
+ 33    + 32    + 33    + 15    + 54
----    ----    ----    ----    ----

  40      37      32      47      89
+ 37    + 37    + 27    + 33    + 87
----    ----    ----    ----    ----
```

DAY 40

Time :

Score: /20

82 + 12	10 + 13	33 + 03	12 + 68	21 + 44
23 + 10	14 + 41	30 + 53	74 + 10	41 + 22
90 + 05	47 + 00	55 + 10	20 + 65	11 + 70
44 + 12	27 + 17	74 + 19	26 + 19	99 + 47

 DAY 41

 Time

Score:  /20

```
  31      74      42      44      33
+ 23    + 13    + 32    + 10    + 61
----    ----    ----    ----    ----

  95      40      31      63      36
+ 40    + 40    + 61    + 22    + 31
----    ----    ----    ----    ----

  31      22      11      20      70
+ 25    + 13    + 86    + 65    + 20
----    ----    ----    ----    ----

  76      20      43      85      71
+ 14    + 35    + 25    + 20    + 13
----    ----    ----    ----    ----
```

DAY 42

Time :

Score: /20

14 + 60	29 + 39	66 + 14	70 + 79	52 + 45
96 + 19	72 + 40	94 + 69	80 + 15	49 + 17
30 + 94	68 + 63	36 + 28	72 + 87	54 + 18
21 + 69	14 + 66	55 + 37	82 + 62	19 + 44

DAY 43

Time :

Score: /20

52	21	37	98	42
+ 16	+ 99	+ 44	+ 94	+ 22
89	23	83	35	80
+ 80	+ 27	+ 51	+ 62	+ 60
51	33	61	45	71
+ 40	+ 98	+ 77	+ 68	+ 63
59	16	70	58	61
+ 52	+ 87	+ 33	+ 29	+ 23

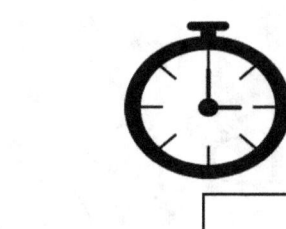

DAY 44

Time :

Score: /20

78 + 19	41 + 58	91 + 81	17 + 75	41 + 09
82 + 84	65 + 84	65 + 84	35 + 62	17 + 42
41 + 39	68 + 74	67 + 72	55 + 20	48 + 26
78 + 81	40 + 26	24 + 32	93 + 75	88 + 55

DAY 45

Time :

Score: /20

68 + 09	74 + 32	23 + 48	94 + 83	78 + 14
96 + 75	45 + 39	49 + 13	61 + 36	80 + 10
60 + 33	63 + 21	79 + 19	52 + 18	78 + 16
88 + 06	82 + 13	54 + 44	99 + 99	95 + 20

DAY 46

Time :

Score: /20

65 + 12	57 + 39	45 + 30	18 + 29	61 + 33
38 + 99	68 + 10	61 + 54	74 + 20	83 + 13
77 + 12	50 + 27	60 + 11	73 + 15	83 + 15
65 + 26	63 + 21	70 + 14	79 + 19	89 + 50

DAY 47

Time :

Score: /20

81 + 16	71 + 37	75 + 40	56 + 17	93 + 13
70 + 46	49 + 13	76 + 70	50 + 24	80 + 14
71 + 13	80 + 10	82 + 15	61 + 21	70 + 14
81 + 29	36 + 12	90 + 41	97 + 91	98 + 70

DAY 48

Time :

Score: /20

40	46	36	59	13
+ 15	+ 82	+ 58	+ 14	+ 59
64	83	40	97	16
+ 75	+ 96	+ 30	+ 49	+ 65
93	41	14	56	35
+ 28	+ 70	+ 33	+ 50	+ 47
29	14	63	51	28
+ 25	+ 53	+ 50	+ 72	+ 99

 DAY 49

 Time  Score:  /20

```
  14      26      31      33      30
+ 53    + 97    + 52    + 38    + 71

  22      77      61      74      94
+ 22    + 53    + 90    + 49    + 45

  90      72      94      48      90
+ 94    + 42    + 57    + 25    + 64

  72      49      88      92      88
+ 42    + 19    + 44    + 92    + 99
```

DAY 50

Time :

Score: /20

91 + 91	10 + 49	56 + 50	91 + 55	14 + 36
25 + 79	26 + 76	64 + 79	63 + 44	60 + 84
60 + 84	84 + 22	15 + 96	93 + 59	77 + 66
42 + 42	97 + 86	66 + 55	17 + 80	99 + 89

Subtraction

DAY 51

Time :

Score: /20

42 − 14	13 − 05	16 − 11	19 − 18	34 − 24
44 − 07	46 − 19	95 − 43	43 − 25	96 − 04
55 − 12	21 − 20	47 − 46	46 − 09	72 − 11
64 − 21	42 − 17	77 − 06	80 − 20	70 − 10

DAY 52

Time :

Score: /20

34 − 16	52 − 02	93 − 32	96 − 78	31 − 19
78 − 33	31 − 10	45 − 18	16 − 10	83 − 12
67 − 33	49 − 17	70 − 26	45 − 29	92 − 34
46 − 18	60 − 33	69 − 52	56 − 31	82 − 34

DAY 53

Time :

Score: /20

40 − 16	30 − 28	53 − 45	56 − 16	60 − 33
69 − 53	56 − 31	82 − 34	40 − 16	30 − 28
53 − 45	56 − 16	73 − 12	40 − 24	52 − 26
85 − 54	76 − 60	91 − 78	34 − 26	40 − 22

DAY 54

Time :

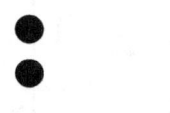

Score: /20

56 - 34	46 - 10	47 - 16	60 - 37	55 - 33
83 - 47	90 - 45	40 - 11	73 - 28	32 - 16
74 - 48	57 - 35	94 - 22	34 - 17	54 - 18
85 - 28	24 - 13	82 - 42	50 - 30	96 - 87

 DAY 55

 Time  Score:  /20

```
  82      55      61      80      87
- 24    - 43    - 34    - 35    - 54


  87      21      70      64      66
- 54    - 15    - 36    - 32    - 37


  80      39      61      83      74
- 34    - 20    - 38    - 23    - 28


  85      74      52      83      50
- 28    - 23    - 21    - 42    - 36
```

DAY 56

Time :

Score: /20

94 − 54	96 − 75	51 − 33	65 − 37	83 − 52
66 − 41	66 − 22	95 − 38	45 − 26	92 − 48
55 − 11	60 − 46	84 − 68	96 − 25	96 − 34
74 − 53	91 − 57	56 − 45	95 − 13	72 − 41

DAY 57

Time : Score: /20

92 - 90	65 - 57	74 - 66	82 - 38	87 - 58
77 - 55	66 - 47	96 - 87	60 - 56	55 - 37
32 - 19	21 - 24	53 - 11	46 - 10	67 - 22
88 - 39	91 - 53	65 - 31	65 - 20	98 - 91

DAY 58

Time :

Score: /20

86 − 02	93 − 61	89 − 66	61 − 15	44 − 21
92 − 21	97 − 51	28 − 13	97 − 14	77 − 29
92 − 55	21 − 24	90 − 28	73 − 24	43 − 33
88 − 09	25 − 23	73 − 17	64 − 34	62 − 25

DAY 59

Time [:]   Score: /20

92 - 16	78 - 17	68 - 18	60 - 20	92 - 12
90 - 27	96 - 31	34 - 15	97 - 14	57 - 31
77 - 67	59 - 28	75 - 44	84 - 62	82 - 52
82 - 57	85 - 64	81 - 28	77 - 42	81 - 64

DAY 60

Time :

Score: /20

61 − 28	94 − 19	77 − 46	80 − 09	97 − 59
32 − 24	97 − 26	61 − 10	40 − 16	27 − 10
93 − 85	59 − 28	57 − 18	81 − 47	69 − 29
42 − 10	83 − 41	17 − 15	42 − 15	94 − 10

DAY 61

Time :

Score: /20

48 − 44	29 − 19	80 − 30	63 − 51	61 − 37
56 − 30	97 − 26	23 − 17	24 − 11	97 − 89
45 − 40	67 − 66	83 − 17	37 − 35	50 − 25
73 − 19	72 − 35	61 − 51	86 − 31	79 − 19

DAY 62

Time :

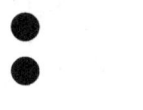

Score: /20

92	44	95	77	93
- 36	- 35	- 46	- 44	- 79
86	97	23	24	85
- 11	- 26	- 17	- 11	- 83
71	96	32	75	19
- 29	- 19	- 15	- 36	- 17
65	77	61	52	89
- 54	- 59	- 51	- 44	- 29

DAY 63

Time :

Score: /20

97 − 19	77 − 19	57 − 11	36 − 18	92 − 23
16 − 12	42 − 13	15 − 05	24 − 19	97 − 14
36 − 26	75 − 50	12 − 10	97 − 27	19 − 18
87 − 73	45 − 42	25 − 10	61 − 17	66 − 20

DAY 64

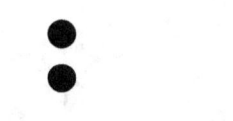

Time : Score: /20

65 − 34	18 − 17	44 − 16	36 − 19	58 − 30
61 − 18	66 − 40	65 − 34	14 − 12	44 − 16
36 − 18	65 − 10	87 − 39	27 − 23	27 − 21
62 − 27	47 − 13	63 − 37	20 − 18	71 − 61

DAY 65

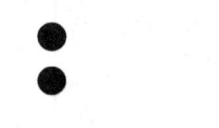

Time [:]   Score: /20

$30 - 24$	$25 - 12$	$63 - 47$	$97 - 55$	$87 - 54$
$44 - 14$	$36 - 16$	$58 - 08$	$87 - 37$	$34 - 22$
$25 - 15$	$77 - 18$	$37 - 19$	$50 - 15$	$78 - 22$
$25 - 18$	$71 - 70$	$46 - 26$	$55 - 15$	$20 - 14$

DAY 66

Time :

Score: /20

75 − 36	89 − 84	97 − 35	48 − 39	88 − 84
49 − 26	60 − 40	29 − 22	70 − 55	70 − 59
61 − 23	11 − 08	67 − 60	30 − 18	88 − 66
75 − 43	97 − 43	96 − 94	86 − 67	49 − 32

DAY 67

Time :

Score: /20

86 − 51	13 − 12	95 − 84	66 − 37	90 − 56
49 − 30	96 − 30	86 − 14	49 − 29	87 − 77
97 − 19	69 − 43	96 − 90	94 − 71	59 − 51
98 − 91	92 − 67	84 − 81	91 − 43	50 − 42

DAY 68

Time :

Score: /20

57 − 34	70 − 39	89 − 09	83 − 60	90 − 24
84 − 51	89 − 73	55 − 15	77 − 25	87 − 49
94 − 17	52 − 44	95 − 38	15 − 12	64 − 40
55 − 34	48 − 37	84 − 81	56 − 12	92 − 54

DAY 69

Time :

Score: /20

66 − 19	47 − 24	35 − 19	96 − 72	56 − 36
76 − 32	65 − 25	94 − 22	65 − 37	77 − 46
93 − 60	86 − 82	73 − 33	15 − 11	73 − 33
27 − 17	56 − 33	92 − 54	66 − 20	45 − 35

  DAY 70

 Time Score:  /20

```
  47      35      96      56      76
- 24    - 17    - 72    - 36    - 32
-----   -----   -----   -----   -----

  65      94      65      67      93
- 25    - 22    - 37    - 47    - 60
-----   -----   -----   -----   -----

  86      73      27      72      51
- 82    - 33    - 17    - 33    - 20
-----   -----   -----   -----   -----

  96      35      57      94      65
- 83    - 27    - 31    - 15    - 05
-----   -----   -----   -----   -----
```

DAY 71

Time :

Score: /20

$53 - 30$	$85 - 15$	$59 - 52$	$39 - 26$	$44 - 13$
$24 - 15$	$84 - 60$	$14 - 07$	$87 - 46$	$34 - 15$
$69 - 47$	$71 - 70$	$39 - 14$	$52 - 15$	$84 - 42$
$16 - 13$	$64 - 58$	$75 - 69$	$53 - 17$	$48 - 31$

DAY 72

Time :

Score: /20

$64 - 15$	$85 - 49$	$61 - 39$	$83 - 16$	$37 - 20$
$28 - 14$	$43 - 20$	$73 - 12$	$55 - 16$	$56 - 14$
$29 - 27$	$60 - 03$	$69 - 19$	$48 - 35$	$96 - 22$
$28 - 14$	$72 - 50$	$44 - 22$	$78 - 47$	$94 - 39$

DAY 73

Time :

Score: /20

91 − 85	96 − 24	76 − 30	87 − 78	76 − 61
94 − 93	58 − 39	83 − 19	24 − 19	79 − 53
70 − 17	26 − 14	65 − 35	74 − 11	28 − 21
98 − 17	69 − 55	86 − 16	96 − 44	78 − 68

DAY 74

Time :

Score: /20

98 − 77	88 − 66	84 − 18	64 − 33	24 − 19
79 − 53	70 − 17	26 − 14	65 − 35	74 − 11
28 − 21	98 − 17	86 − 76	32 − 21	53 − 43
66 − 10	55 − 45	88 − 16	40 − 14	77 − 36

DAY 75

Time [:] Score: /20

49 - 13	74 - 66	74 - 53	97 - 43	88 - 29
88 - 80	78 - 19	90 - 46	85 - 75	31 - 20
52 - 42	60 - 07	54 - 44	87 - 15	93 - 83
76 - 35	49 - 13	74 - 66	73 - 53	97 - 43

DAY 76

Time :

Score: /20

88 − 77	67 − 21	99 − 42	81 − 26	88 − 29
78 − 77	33 − 22	45 − 44	26 − 11	66 − 60
98 − 71	14 − 11	87 − 73	51 − 15	67 − 53
75 − 57	99 − 54	90 − 30	90 − 28	80 − 43

  DAY 77

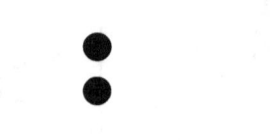 Time Score:

```
  84      70      78      79      98
- 29    - 65    - 71    - 65    - 19
```

```
  99      98      91      56      52
- 87    - 76    - 58    - 43    - 20
```

```
  80      81      72      66      57
- 45    - 17    - 51    - 63    - 21
```

```
  92      99      90      29      90
- 22    - 81    - 30    - 08    - 83
```

DAY 78

Time :

Score: /20

79 − 52	77 − 15	98 − 88	77 − 26	59 − 49
95 − 40	48 − 20	52 − 20	80 − 45	81 − 17
72 − 51	67 − 63	57 − 21	92 − 22	99 − 81
60 − 21	41 − 12	64 − 18	46 − 18	61 − 22

DAY 79

Time :

Score: /20

54 − 21	62 − 41	63 − 18	44 − 17	99 − 44
88 − 44	85 − 65	73 − 11	95 − 35	96 − 86
29 − 19	51 − 38	71 − 13	34 − 24	92 − 13
82 − 34	88 − 66	35 − 33	22 − 12	77 − 55

DAY 80

Time :

Score: /20

61 − 30	54 − 10	57 − 21	85 − 61	52 − 22
60 − 04	55 − 33	93 − 50	89 − 32	60 − 31
50 − 47	64 − 42	70 − 64	73 − 19	49 − 33
72 − 41	80 − 55	66 − 49	90 − 30	61 − 57

DAY 81

Time :

Score: /20

95 − 33	60 − 50	64 − 38	80 − 71	71 − 55
73 − 44	21 − 15	28 − 13	53 − 38	52 − 41
71 − 59	63 − 51	84 − 14	37 − 09	69 − 13
71 − 45	68 − 44	81 − 31	60 − 30	80 − 77

DAY 82

Time :

Score: /20

91 − 55	50 − 33	71 − 66	78 − 15	36 − 14
58 − 54	93 − 22	47 − 35	35 − 25	89 − 58
92 − 73	95 − 33	69 − 11	76 − 04	55 − 23
78 − 71	18 − 12	82 − 19	64 − 50	66 − 27

DAY 83

Time :

Score: /20

68 − 26	41 − 05	98 − 84	85 − 31	65 − 49
86 − 14	63 − 62	91 − 75	89 − 74	85 − 83
87 − 43	76 − 73	69 − 42	93 − 74	96 − 89
59 − 21	88 − 49	57 − 53	92 − 81	99 − 22

DAY 84

Time :

Score: /20

27 − 16	19 − 06	58 − 26	62 − 29	68 − 39
57 − 19	75 − 71	97 − 72	98 − 15	91 − 69
64 − 45	79 − 40	71 − 42	66 − 24	75 − 69
99 − 51	78 − 19	89 − 49	12 − 09	66 − 17

DAY 85

Time :

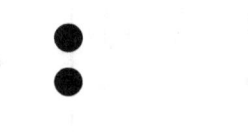

Score: /20

27 − 16	19 − 06	58 − 26	62 − 29	68 − 39
57 − 19	75 − 71	97 − 72	98 − 15	91 − 69
64 − 45	79 − 40	71 − 42	66 − 24	75 − 69
99 − 51	78 − 19	89 − 49	12 − 09	66 − 17

DAY 86

Time :

Score: /20

23	89	88	15	98
- 15	- 23	- 69	- 13	- 96
99	54	89	69	35
- 19	- 17	- 29	- 37	- 17
98	96	68	54	44
- 95	- 49	- 22	- 39	- 28
95	69	77	91	21
- 56	- 13	- 71	- 89	- 19

DAY 87

Time :

Score: /20

71 − 25	80 − 43	72 − 23	37 − 18	88 − 79
75 − 71	61 − 22	83 − 79	68 − 19	99 − 37
50 − 15	99 − 79	98 − 89	90 − 89	82 − 18
26 − 24	42 − 13	25 − 18	66 − 11	90 − 49

 DAY 88

 Time  Score:  /20

```
  73      22      37      62      72
- 56    - 18    - 19    - 24    - 43


  94      99      98      64      83
- 56    - 75    - 69    - 65    - 81


  70      98      63      72      92
- 25    - 93    - 45    - 63    - 20


  33      22      89      47      20
- 04    - 14    - 78    - 41    - 19
```

DAY 89

Time: ☐ : ☐   Score: ◯/20

```
  61      51      20      63      64
- 44    - 08    - 12    - 52    - 09
_____   _____   _____   _____   _____

  84      72      88      75      32
- 19    - 54    - 09    - 41    - 22
_____   _____   _____   _____   _____

  94      84      47      66      91
- 85    - 17    - 11    - 23    - 44
_____   _____   _____   _____   _____

  97      28      27      81      45
- 09    - 22    - 21    - 63    - 09
_____   _____   _____   _____   _____
```

DAY 90

Time :

Score: /20

59 − 43	89 − 80	33 − 12	80 − 53	33 − 19
74 − 29	82 − 10	58 − 49	96 − 53	91 − 15
82 − 27	63 − 49	84 − 20	53 − 26	55 − 17
85 − 39	63 − 48	81 − 24	30 − 23	74 − 59

DAY 91

Time :

Score: /20

85 − 81	57 − 41	62 − 24	82 − 45	78 − 69
87 − 26	80 − 39	82 − 63	42 − 25	85 − 65
84 − 10	81 − 49	93 − 26	75 − 56	94 − 58
74 − 29	24 − 18	57 − 30	81 − 43	67 − 50

DAY 92

Time :

Score: /20

95 − 73	69 − 42	91 − 63	65 − 20	78 − 30
62 − 31	48 − 44	25 − 23	98 − 89	62 − 48
75 − 54	63 − 36	73 − 19	98 − 66	71 − 32
83 − 27	66 − 43	93 − 86	63 − 28	22 − 13

DAY 93

Time :

Score: /20

40 − 33	58 − 52	67 − 30	45 − 32	58 − 44
83 − 25	69 − 65	89 − 77	44 − 35	93 − 78
95 − 88	86 − 33	86 − 42	79 − 40	82 − 74
50 − 47	75 − 33	84 − 26	70 − 68	89 − 72

DAY 94

Time :

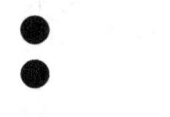

Score: /20

80 - 19	67 - 55	95 - 39	85 - 74	79 - 54
47 - 43	49 - 29	95 - 77	86 - 76	48 - 40
98 - 60	79 - 75	94 - 86	98 - 89	85 - 26
77 - 39	43 - 12	62 - 34	55 - 38	84 - 22

DAY 95

Time :

Score: /20

96 − 42	90 − 15	55 − 39	76 − 33	76 − 22
58 − 03	59 − 36	86 − 19	71 − 36	64 − 32
52 − 49	99 − 35	51 − 36	99 − 61	97 − 13
75 − 49	30 − 22	67 − 52	54 − 51	98 − 18

DAY 96

Time :

Score: /20

72 − 52	91 − 75	66 − 36	72 − 46	81 − 49
91 − 83	70 − 06	26 − 22	49 − 41	92 − 29
89 − 33	71 − 63	95 − 33	97 − 84	30 − 16
77 − 64	68 − 62	48 − 42	95 − 48	78 − 68

DAY 97

Time :

Score: /20

38 − 30	97 − 44	66 − 38	34 − 14	69 − 19
97 − 55	70 − 05	99 − 16	62 − 43	99 − 82
36 − 21	81 − 24	92 − 21	78 − 59	95 − 20
98 − 34	17 − 13	44 − 21	58 − 38	91 − 71

DAY 98

Time [:]   **Score:** /20

71 − 44	79 − 21	94 − 68	13 − 12	28 − 23
56 − 35	93 − 53	85 − 26	91 − 52	62 − 31
99 − 18	47 − 24	96 − 86	91 − 58	93 − 73
72 − 25	57 − 12	73 − 47	37 − 31	88 − 33

DAY 99

Time :

Score: /20

18 − 12	75 − 31	55 − 16	66 − 49	92 − 23
44 − 39	95 − 46	77 − 44	93 − 79	68 − 11
95 − 20	78 − 31	78 − 38	92 − 37	91 − 88
51 − 43	77 − 63	71 − 12	77 − 46	95 − 78

DAY 100

Time :

Score: /20

45 - 44	92 - 19	99 - 91	97 - 91	95 - 22
83 - 81	49 - 32	81 - 11	44 - 11	61 - 31
91 - 62	99 - 41	83 - 62	77 - 57	12 - 10
99 - 91	20 - 13	98 - 40	74 - 54	99 - 99

The end ....

www.ingramcontent.com/pod-product-compliance
Lightning Source LLC
Chambersburg PA
CBHW060424220526
45465CB00008B/3006
* 9 7 9 8 7 3 3 5 5 9 3 9 1 *